上海市工程建设规范

既有多层住宅加装电梯技术标准

Technical standard for elevator installation in existing multi-stories dwelling building

DG/TJ 08—2381—2021
J 15847—2021

主编单位：上海市房地产科学研究院
上海市房屋安全监察所
（上海市住宅修缮工程质量检测中心）

批准部门：上海市住房和城乡建设管理委员会
施行日期：2021年11月1日

同济大学出版社

2021 上海

图书在版编目(CIP)数据

既有多层住宅加装电梯技术标准 / 上海市房地产科学研究院，上海市房屋安全监察所(上海市住宅修缮工程质量检测中心)主编. —上海：同济大学出版社，2021.10

ISBN 978-7-5608-9899-5

Ⅰ. ①既… Ⅱ. ①上… ②上… Ⅲ. ①多层建筑—住宅—电梯—安装—设计标准—上海 Ⅳ. ①TU241.7-65

中国版本图书馆 CIP 数据核字(2021)第 186227 号

既有多层住宅加装电梯技术标准

上海市房地产科学研究院
上海市房屋安全监察所 **主编**
(上海市住宅修缮工程质量检测中心)

策划编辑 张平官
责任编辑 朱 勇
责任校对 徐春莲
封面设计 陈益平

出版发行 同济大学出版社 www.tongjipress.com.cn
(地址：上海市四平路 1239 号 邮编：200092 电话：021-65985622)
经 销 全国各地新华书店
印 刷 浦江求真印务有限公司
开 本 889mm×1194mm 1/32
印 张 2.125
字 数 57 000
版 次 2021 年 10 月第 1 版 2022 年 9 月第 2 次印刷
书 号 ISBN 978-7-5608-9899-5
定 价 25.00 元

上海市住房和城乡建设管理委员会文件

沪建标定〔2021〕391 号

上海市住房和城乡建设管理委员会
关于批准《既有多层住宅加装电梯技术标准》
为上海市工程建设规范的通知

各有关单位：

由上海市房地产科学研究院、上海市房屋安全监察所（上海市住宅修缮工程质量检测中心）主编的《既有多层住宅加装电梯技术标准》，经我委审核，现批准为上海市工程建设规范，统一编号为 DG/TJ 08—2381—2021，自 2021 年 11 月 1 日起实施。

本规范由上海市住房和城乡建设管理委员会负责管理，上海市房地产科学研究院负责解释。

特此通知。

上海市住房和城乡建设管理委员会

二〇二一年六月二十一日

前　言

根据上海市住房和城乡建设管理委员会《关于印发〈2020 年上海市工程建设规范、建筑标准设计编制计划〉的通知》（沪建标定〔2019〕752 号）要求，由上海市房地产科学研究院、上海市房屋安全监察所（上海市住宅修缮工程质量检测中心）会同相关单位编制本标准。

编制组在认真总结科研成果和实践经验的基础上，参考现行国家及行业相关标准，广泛征求各方意见，结合本市实际，编制了本标准。

本标准的主要内容有：总则；术语；基本规定；可行性评估；房屋专项检测；岩土工程勘察；设计；施工和验收；运行维护。

各单位及相关人员在执行本标准的过程中，如有意见和建议，请反馈至上海市房屋管理局（地址：上海市世博村路 300 号；邮编：200125），上海市房地产科学研究院（地址：上海市复兴西路 193 号；邮编：200031；E-mail：fkyfgs193@163.com），上海市建筑建材业市场管理总站（地址：上海市小木桥路 683 号；邮编：200032；E-mail：shgcbz@163.com），以供今后修订时参考。

主 编 单 位：上海市房地产科学研究院
上海市房屋安全监察所
（上海市住宅修缮工程质量检测中心）

参 编 单 位：上海房科建筑设计有限公司
华东建筑集团股份有限公司
上海建工四建集团有限公司
上海勘察设计研究院（集团）有限公司
上海同丰工程咨询有限公司

上海三菱电梯有限公司
上海南房(集团)有限公司
上海市房屋修建行业协会
上海海珠工程设计集团有限公司
上海市房屋建筑设计院有限公司
上海东亚联合建筑设计(集团)有限公司
上海丹龙建设工程有限公司
筑福(北京)城市更新建设集团有限公司

主要起草人:林　华　蔡乐刚　王金强　孙锡国　暴智浩
倪旭军　周建武　王平山　卞海涛　李承铭
陈海斌　谷志旺　章彧弢　陈甚为　赵　曾
王伟茂　薄俊晶　张　帆　马泽峰　王希俊
江传胜　赵海元　曾严红　张文卿　柴亦萍
董　珂　陈雪峡　赵俊钊　白　凡　吴中辉
魏震华　黄家郴　吴保光　施钻钻　沈祖宏
穆俊维

主要审查人:杨联萍　张　忠　杨　波　寿炜炜　刘沈如
林丽智　沈三新　余　玲　刘圣凯

上海市建筑建材业市场管理总站

目　次

Contents

1 总 则

1.0.1 为规范本市既有多层住宅加装电梯工程建设，统一相关技术要求，确保工程质量，制定本标准。

1.0.2 本标准适用于本市七层及七层以下既有多层住宅（含底部为非居住用房）外部加装电梯工程的可行性评估、房屋专项检测、岩土工程勘察、设计、施工、验收和运行维护。

1.0.3 既有多层住宅加装电梯工程应遵循安全、适用、耐久的原则，同时兼顾经济、美观、节地的要求。

1.0.4 既有多层住宅加装电梯工程除应符合本标准的规定外，尚应符合国家、行业以及本市现行有关标准的规定。

2 术 语

2.0.1 既有多层住宅加装电梯 elevator installation in existing multi-stories dwelling building

在既有多层住宅外部的适当位置新建电梯的基坑、井道、连廊、轿厢及其配套设施。

2.0.2 平层入户 leveling entrance

加装电梯的停靠层与各层居室楼面标高相同，由各电梯停靠层可以平层进入户内的电梯加装方式。

2.0.3 半层入户 half-leveling entrance

加装电梯的停靠层与各层居室楼面标高不同，需从各电梯停靠层向上或向下一定数量楼梯踏步才能进入户内的电梯加装方式。

3 基本规定

3.0.1 既有多层住宅加装电梯应根据小区环境、建筑条件、结构类型、使用状况及居民需求等，制定适宜的加装电梯方案，以完善既有多层住宅的垂直交通，提高居住品质。

3.0.2 既有多层住宅加装电梯不应降低原有住宅的安全使用现状。

3.0.3 依据相关政策规定，从事既有多层住宅加装电梯工程的房屋专项检测、岩土工程勘察、设计、施工、电梯设备安装和运行维护等单位，应具备相应的资质。

3.0.4 既有多层住宅加装电梯工程的房屋专项检测、岩土工程勘察、设计、施工和验收等原始资料，竣工后应存档，便于运行维护。

4 可行性评估

4.1 一般规定

4.1.1 既有多层住宅加装电梯前，应对原有住宅各方面的性能现状进行现场调查，确定其加装电梯的技术可行性。

4.1.2 可行性评估宜以一个小区为一个实施项目，对小区内的各住宅单元逐个进行评估。

4.1.3 可行性评估前，应收集相关小区房屋的地质勘察报告、设计文件、所在区域的周边地形图、管线等原始资料。

4.1.4 既有多层住宅加装电梯技术可行性评估应在资料收集、现场调查的基础上进行综合评估，出具评估报告。

4.2 现场调查

4.2.1 现场调查应进行基本信息调查，内容包括小区总体概况、建筑物基本信息、拟加装电梯单元的基本信息等。

4.2.2 加装电梯可行性调查应包括下列内容：

1 加装电梯对周边环境的影响。

2 既有多层住宅结构的现状以及加装电梯对原有住宅安全性的影响等。

3 加装电梯对室外各类管线的影响。

4 供电现状条件。

5 其他影响加装电梯的因素。

4.3 可行性评估

4.3.1 可行性评估时，应对加装电梯的各种干扰因素进行评估，并确定各种干扰因素的类别，干扰因素可分为弱干扰因素、强干扰因素和重大干扰因素。

4.3.2 根据评估结果，给出适合加装、较难加装或不适合加装的评估结论。

5 房屋专项检测

5.1 一般规定

5.1.1 房屋专项检测应能反映既有多层住宅拟加装电梯相邻区域主体结构的使用现状，为后续加装电梯设计提供技术依据。

5.2 专项检测内容

5.2.1 对有原始设计图纸的房屋，应根据原始设计图纸对其建筑结构概况进行现场复核检测；对无原始设计图纸的房屋，应进行现场测绘。复核和测绘应包括下列内容：

1 拟加装电梯处室内外高差、各层层高、主要挑出物（门廊、雨篷、檐口等）尺寸及标高，各层入户处门窗尺寸、位置，楼梯梁位置及截面尺寸、楼梯平台净尺寸、地下室外扩部分的尺寸及标高等。

2 加装电梯相邻区域的结构传力体系、构造柱、圈梁、过梁的布置及尺寸，双跑楼梯间外墙处梁是否上翻等。

3 当现场检测结果与原始设计图纸不符时，应根据现场检测结果绘制相关图纸。

5.2.2 当无原始基础设计图纸时，应在拟加装电梯相邻区域选择有代表性部位进行现场开挖，并绘制开挖部位的基础图。

5.2.3 现场检测时，应对拟加装电梯相关区域主体结构主要承重构件的材料强度进行检测。

5.2.4 现场检测时，应调查拟加装电梯相关区域、房屋整体外墙等相关部位的完损状况。

5.2.5 现场检测时，应对房屋的整体变形（包括倾斜和相对高差）进行测量。

5.2.6 根据房屋专项检测结果，评价房屋单元主体结构加装电梯的可行性。当存在下列情况时，应提出相应的处理措施：

1 当原房屋的整体倾斜超过10‰时，应进行沉降监测，对沉降尚未稳定的房屋，尚应进行纠偏和加固处理，沉降是否稳定应依据现行上海市工程建设规范《地基基础设计标准》DGJ 08—11的规定进行判断；当原房屋的整体倾斜超过15‰时，应在加装电梯前进行纠偏处理。

2 当原房屋存在严重的结构性损伤时，应进行安全性鉴定，并根据鉴定结果提出相应的加固处理措施。

6 岩土工程勘察

6.1 一般规定

6.1.1 既有多层住宅加装电梯施工图设计前,应进行岩土工程详细勘察。

6.1.2 岩土工程勘察报告应根据工程性质、设计要求及场地工程地质条件特点编制,详细查明建筑场地工程地质情况,进行综合分析和评价,提供的报告应内容完整、数据无误、结论准确、建议合理,为后续加装电梯工程的设计、施工提供地质依据。

6.1.3 当既有住宅原地质勘察资料满足加装电梯基础设计技术要求时,可作为加装电梯设计的依据。

6.2 现场勘察

6.2.1 勘探孔宜采用取土孔、取土标贯孔和静力触探孔,不宜采用鉴别孔。

6.2.2 单个单元加装电梯时,取土孔(或取土标贯孔)不应少于1个,静力触探孔不应少于1个;多个单元加装电梯,当单元间相邻勘探孔的孔距不大于 35 m 时,每个单元处布置勘探孔不应少于1个,其中取土孔(或取土标贯孔)不应少于50%。

6.2.3 加装单部电梯工程应至少有1个控制性勘探孔;加装多部电梯工程,场地控制性勘探孔数量不应少于勘探孔总数的1/3。

6.2.4 一般性勘探孔深度不宜小于桩端下 3 m,控制性勘探孔深度应满足桩基沉降计算要求。

6.2.5 当地面以下 20 m 深度范围内存在饱和砂土或砂质粉土时，应判定该土层地震液化的可能性，并确定整个地基的液化等级。

7 设 计

7.1 一般规定

7.1.1 既有多层住宅加装电梯设计前，应进行现场查勘，并对可行性评估报告、房屋专项检测报告、岩土工程勘察报告进行现场复核。

7.1.2 既有多层住宅加装电梯施工图设计应在方案设计基础上进行深化，并应满足方案设计关键性指标的要求。

7.1.3 在施工过程中，设计应加强现场的施工配合和指导，根据现场实际情况，对设计文件进行修改和完善。

7.2 总平面

7.2.1 加装电梯不应超出既有多层住宅项目用地红线。沿建筑用地边界和沿城市道路、公路、河道、铁路、隧道、轨道交通两侧及电力线路保护区范围内的加装电梯，其退让距离应按相关规定执行。

7.2.2 加装电梯应合理规划，减少对城市景观、周边建筑、居住环境、附属道路、公共设施、设备管线及其配套附属物、住宅附属设施（通风口、排气口、排油烟口等）的不利影响，并应对受影响的相关设施采取必要的迁移、改造措施。

7.2.3 加装电梯与周边建筑之间的建筑间距应按原有建筑与周边建筑的间距计算；其中，加装电梯与周边建筑之间的防火间距应按加装电梯与周边建筑的间距计算，并应符合现行国家标准

《建筑设计防火规范》GB 50016 中防火间距的相关规定。

7.2.4 既有多层住宅加装电梯后，居住区内道路应符合消防、救护、搬家等车辆的通达要求，并应符合现行国家标准《城市居住区规划设计标准》GB 50180 中附属道路的相关规定；其中，消防车道应符合现行国家标准《建筑设计防火规范》GB 50016 的相关规定。

7.3 建 筑

7.3.1 加装电梯应根据现状选择适宜的电梯停靠及出入口位置，可选择与原有住宅的公共楼梯间、外廊、阳台、外窗等部位相连接。电梯停靠站可设置在入户楼层或公共楼梯间的中间休息平台处，宜采用平层入户方式。

7.3.2 加装电梯底层单元出入口、公共部位通道、门均应符合现行国家标准《无障碍设计规范》GB 50763 的规定，按无障碍设施的设计要求设置；并应同步完成受影响的单元信报箱、入口门禁系统、住宅附属设施（通风口、排气口、排油烟口）等设施的迁移或改造。

7.3.3 加装电梯井道、轿厢与电梯参数应符合下列要求：

1 电梯井道和电梯控制柜不应紧邻卧室。

2 电梯井道外围护结构应具备有效的隔热性能，应采取自然通风或设置其他保障电梯正常运行的安全措施。

3 电梯基坑应采取防水措施，防水等级应设置为一级。基坑侧墙顶高出室外地面高度不应小于 0.15 m。

4 电梯轿厢应按现行国家标准《无障碍设计规范》GB 50763 中无障碍电梯轿厢的相关规定执行，轿厢地面应采用防滑材料。电梯井道及轿厢应符合现行国家标准《电梯主参数及轿厢、井道、机房的型式与尺寸 第1部分：Ⅰ、Ⅱ、Ⅲ、Ⅵ类电梯》GB/T 7025.1 中第Ⅱ类电梯以及现行国家标准《电梯制造与安装安全规范》

GB 7588 的相关规定。电梯井道及设备应符合现行国家标准《建筑设计防火规范》GB 50016 中电梯井的相关规定。

5 电梯宜选用无机房电梯，运行速度不宜大于 1.0 m/s，载重量不应小于 450 kg。电梯应具备紧急迫降功能和自动救援操作装置，宜采取防止电动自行车进入的技术措施。在井道最高层站处，层门两侧的墙体范围内，宜留有电梯供电电源开关箱与电梯控制柜的安装空间。

7.3.4 加装电梯连廊设置应符合下列要求：

1 底层连廊地面与室外地面之间的高差不应小于 0.15 m。当连廊为开敞式布置时，相应的楼（地）面应采取可靠的排水措施，电梯层门处应设挡水设施，电梯设备应具备遇水自动切断电源安全停运的功能。

2 连廊深度不宜小于 1.50 m，且不应小于轿厢深度，连廊宽度宜与电梯井道同宽，并应符合现行国家标准《无障碍设计规范》GB 50763 中无障碍通道的相关规定。连廊内部空间应符合直径不小于 1.50 m 的无障碍轮椅回转场地要求。

3 连廊应具备自然通风、采光功能，其窗口与相邻住户门、窗、洞口、阳台最近边缘水平距离不应小于 1.00 m。

4 连廊及其外门、外窗设置应避免对相邻住户的安全防范及居住私密性造成不利影响。

7.3.5 加装电梯屋面设置应符合下列要求：

1 屋面应具备有效的隔热性能，选用保温材料的燃烧性能等级应为 A 级。

2 屋面防水等级不应低于Ⅱ级。屋面应采取有组织排水，不宜接入原有住宅的屋面排水系统，并应符合现行国家标准《屋面工程技术规范》GB 50345 中屋面工程设计的相关规定。屋面排水组织不宜影响原有住宅的屋面结构及排水组织。

3 屋面外水落管的设置应兼顾与相邻外门、外窗的安全防范距离，必要时应采取防攀爬措施。

4 加装电梯与原有住宅之间设置的变形缝(含楼地面、内外墙、顶棚、屋面等部位的变形缝)应做好防水处理,变形缝内的填充材料和构造基层均应采用不燃材料。

7.3.6 加装电梯的耐火等级应与原有住宅建成时的耐火等级相一致,且不应低于二级。加装电梯室内各部位装修材料的燃烧性能等级均应为 A 级,并应符合现行国家标准《建筑内部装修设计防火规范》GB 50222 和《民用建筑工程室内环境污染控制标准》GB 50325 的相关规定。加装电梯各部位构件的燃烧性能均应为不燃性,其墙体耐火极限应根据电梯井道与原有住宅的位置关系以及墙体所在部位分别确定,并应符合下列要求:

1 当电梯井道位于原有住宅外部且贴邻其外墙或阳台时,电梯井道外墙部位墙体的耐火极限不应低于 1.00 h,电梯井道非外墙部位墙体的耐火极限不应低于 2.00 h。

2 当电梯井道位于原有住宅外部且未贴邻其外墙和阳台时,电梯井道外墙部位墙体、非外墙部位墙体的耐火极限均不应低于 1.00 h。

3 当连廊为封闭围护结构时,其围护墙体的耐火极限不应低于 1.00 h。

4 当墙体为防火墙时,应符合现行国家标准《建筑设计防火规范》GB 50016 中防火墙的相关规定。

7.3.7 加装电梯外围护结构设置应符合下列要求:

1 外围护结构应具备有效的隔热性能,加装电梯的热工性能不应低于原有住宅建成时的要求。

2 外围护结构在二层及以上部位时,不得使用玻璃幕墙及其构造措施。当采用其他幕墙系统时,其构造应符合国家、行业及本市现行相关标准的规定,并应进行专项设计。

3 电梯井道不宜采用固定玻璃窗。

7.3.8 既有多层住宅加装电梯后,原有楼梯间或楼梯间与连廊组合空间的通风、采光、安全疏散应符合下列要求:

1 原有楼梯间应在外墙上每5层内设置总面积不小于2.0 m^2 的可开启外窗或开口，且布置间隔不应大于3层，其顶层设置面积不应小于1.0 m^2。

2 楼梯间与连廊组合空间应在首层设有外门，二层及二层以上每层应设置面积不小于2.4 m^2 的可开启外窗或开口，且有效开启面积不应小于1.2 m^2。可开启外窗的有效开启面积计算方法应按照现行上海市工程建设规范《建筑防排烟系统设计标准》DG/TJ 08—88中自然排烟窗有效开启面积的计算方法执行。

3 原有楼梯间具有通风、排气、排油烟等功能时，加装电梯后不应减少改造部位原有的自然通风口面积。

4 原有楼梯间或楼梯间与连廊组合空间的采光窗洞口的窗地面积比不应小于1/12。

5 既有多层住宅加装电梯后，原有通向楼梯间的住宅门、住宅窗的防火性能及楼梯间设置形式在加装电梯后可按建成时要求执行。

7.3.9 加装电梯不应影响居住单元的安全疏散通道，应符合乘梯人员从各层连廊不需要穿过住户私有空间即可直接疏散至室外地面的要求，并应按现行国家标准《建筑设计防火规范》GB 50016中安全疏散的相关规定及电梯检验监督部门的相关要求执行。

7.3.10 加装电梯不应影响或连通原有住宅的地下建筑设施，且与原有建筑非居住部分之间应采用耐火极限不低于2.00 h且无门、窗、洞口的防火隔墙和耐火极限不低于1.50 h的不燃性楼板完全分隔。加装电梯的出入口与非居住部分的出入口应分开布置。

7.3.11 加装电梯安全防护设置应符合下列要求：

1 加装电梯底层距室外地面1.20 m高范围内，外墙体宜设为防撞击墙体，填充墙体及外饰面材料不宜采用质软、易脏、易碎及抗撞击性能差的建筑材料。

2　加装电梯紧邻行车道路时，宜在墙体周边设防撞警示标识或防护设施，行车道路宜设置减速警示标识或减速安全设施。

3　室内人员可达且距室内地面 0.90 m 范围内（含连廊两侧外墙、电梯层门两侧墙体）的非承重墙体（砖、砌块、混凝土类墙体除外）及临空外窗内侧均应设置高度不低于 0.90 m 的防护栏杆；室外人员可达的临空部位（含敞开连廊、电梯层门两侧墙体）应设置高度不低于 1.10 m 的防护栏杆。安全防护栏杆应符合现行国家标准《民用建筑设计统一标准》GB 50352 和《住宅设计规范》GB 50096 中栏杆的相关规定。

7.3.12　加装电梯的外饰面应采用耐久、环保、经济、防水、防光污染的材料，并应与原有住宅外饰面相协调。当位于历史文化风貌区时，其外饰面设计应符合相关要求。

7.4　结　构

7.4.1　既有多层住宅加装电梯设计前，应根据房屋专项检测报告进行安全性分析。对存在安全隐患的原有住宅，应采取必要的加固措施。

7.4.2　加装电梯应减小对原有住宅结构的影响，不应降低其安全性和耐久性。加装电梯需对原有住宅结构进行局部改造时，应制定相应的改造加固方案并提出施工要求。局部改造使原有住宅安全性减弱时，应采取可靠措施予以补强。

7.4.3　加装电梯需要在外墙设置门洞时，宜设置在原有窗洞的位置，且不宜扩大洞口的宽度或将洞口移位。当确需对原有窗洞扩大或移位时，应对洞口周围墙体采取必要的加固措施。

7.4.4　加装电梯的结构形式可采用钢结构或钢筋混凝土结构。

7.4.5　加装电梯结构宜与原有住宅结构脱开，二者间应设置变形缝，且变形缝的宽度不应小于 100 mm。

7.4.6　当加装电梯结构与原有住宅结构脱开时，在风荷载、多遇地震作用下，电梯钢框架结构弹性层间位移角不应大于1/300。

7.4.7 加装电梯结构与原有住宅结构整体连接时，应采用合理、可靠的连接形式，确保受力安全，并应按国家、行业以及本市现行有关标准要求进行整体结构性能分析。原有住宅应进行抗震性能鉴定，根据鉴定结果，采取必要的抗震加固措施。

7.4.8 加装电梯结构不宜采用两个方向均为单跨的框架结构体系。

7.4.9 加装电梯结构宜采用桩筏基础，并应符合下列要求：

1 基础沉降变形不宜大于10 mm。

2 基础重心与上部结构荷载重心的偏心率不宜大于15‰。

3 整体抗倾覆验算时，桩基不应出现拔力。

7.4.10 加装电梯基础设计应充分考虑原有住宅基础和地基的实际情况，采取与原有住宅基础连成整体或分离的方式，并应符合下列要求：

1 当加装电梯基础与原有住宅基础连接时，应采取可靠的构造措施连成整体。

2 当原有住宅基础埋深较深时，可采用加装电梯基础与原基础完全分离的方式，加装电梯基础的地基土应密实，不应为杂填土，与原基础间距不应小于50 mm，基础边缘与原房屋地下外墙间距不应小于50 mm。

3 加装电梯基础设计时，不宜凿除原有住宅基础。当确需凿除时，应合理确定凿除范围，并对原有基础承载力进行分析，采取必要的加固措施。

7.4.11 加装电梯位于原有住宅平面凹口时，可按下列措施处理：

1 当平面凹口较浅时，可从加装电梯结构伸出挑梁，挑梁与原有住宅结构间设置变形缝。

2 当平面凹口较深时，可在凹口中设置钢框架，钢框架与原有住宅结构间设置变形缝。

3 当平面凹口中设置钢框架存在困难时，可采取可靠的连接措施在凹口处补设楼板，楼板不应超出纵向外墙。当需要利用原有住宅结构的构造柱及圈梁，采用后锚固方式补设楼板时，原有住宅结构构件的混凝土强度不应小于C15，并应验算原有住宅相关结构构件的承载力和地基承载力。

7.4.12 加装电梯钢结构的防火措施应根据电梯井道及连廊钢柱的位置确定，并应符合下列要求：

1 当电梯井道设置于原有住宅外部且贴邻原有建筑外墙或阳台时，钢柱及钢支撑的耐火极限不应小于2.50 h、钢梁耐火极限不应小于1.50 h、楼板的耐火极限不应小于1.00 h。

2 当电梯井道设置于原有住宅外部且未贴邻原有建筑外墙和阳台时，钢柱及钢支撑的耐火极限不应小于1.50 h，钢梁及楼板的耐火极限不应小于1.00 h；当连廊钢柱贴邻时，贴邻侧底层连廊钢柱的耐火极限不应小于2.50 h。

3 钢构件防火涂层厚度应根据防火计算确定；当钢构件耐火极限要求不大于1.50 h时，可采用膨胀型防火涂料。

7.4.13 加装电梯钢结构的防腐层设计使用年限不宜低于10年。

7.4.14 既有多层住宅加装电梯宜按建筑工业化原则设计。

7.5 机 电

7.5.1 电梯的基本要求、正常使用条件、机构与设备工作时产生的噪声等应符合现行国家标准《电梯技术条件》GB/T 10058的相关规定。

7.5.2 加装电梯应合理避让建筑室内外的给水、排水、雨水、燃气等管道，以及供电、消防、通信等管线；当无法避让时，应按现行相关要求采取迁移或其他措施。

7.5.3 加装电梯的电气设计应符合下列要求：

1 加装电梯的电源宜从住宅计量总箱（柜）经专用回路供电，并应设置单独的计量装置，接入方案应符合相关要求，并应复核供电容量、电表箱总开关及进线电缆(线)的技术规格,其负荷分级及供电应符合现行国家标准《供配电系统设计规范》GB 50052 的相关规定。

2 电源配电箱应设置在便于操作和维护的地方,并应加装安全防护锁。配电系统应设置低压配电箱直接接触防护及间接接触防护等电击防护措施,配电箱总开关应具有隔离、短路保护等功能。

3 电梯的动力电源应设独立的隔离电器。轿厢及井道照明、插座、通风设备、报警装置等的电源应从电梯动力电源隔离电器前接入,并应装设隔离电器和短路保护电器。

4 电梯的供电线路宜敷设在电梯井道外。除电梯专用线路外,其他线路不得沿电梯井道敷设,在电梯井道内敷设的电缆、电线、线路的穿线管(槽)应采用阻燃型材料。

5 当电梯连廊敞开时,电梯的电气防护等级不应低于 IP54。

6 电梯轿厢内的照明应采用节能灯具。在正常照明电源完好的情况下,控制面板上及距轿厢地板 1.00 m 以上区域的照度均不应小于 100 lx。轿厢内的照明及其从属回路应配备漏电保护装置。

7 电梯井道内应设置检修照明设备和插座并配备漏电保护装置,井道照明在井道顶端和基坑均应设置控制开关。

8 加装电梯应设置防雷措施,并应符合现行国家标准《建筑物防雷设计规范》GB 50057 的相关规定;电梯配电箱应设置电涌保护器。加装电梯应设置等电位联结,接地措施应符合相关要求。

9 首层连廊应设置电梯紧急迫降按钮,其安装高度不应低于 1.80 m 且不应高于 2.20 m,电梯从顶层迫降至首层的时间应小于 1 min。

10 加装电梯应在单元首层入口附近设置声光报警器,或在轿厢内设置与住宅小区值班场所通信的紧急报警和应急呼叫双向通话设备;当条件允许时,宜配置视频监控设施。

11 电梯轿厢门宜同时安装光幕和安全触板两种电梯门安全保护装置。

7.5.4 加装电梯的通风降温设计应符合下列要求:

1 电梯井道应采取自然通风措施。采用百叶通风措施时,应采用防雨百叶,并加设防鼠网,其风口应分别设置在井道的顶部和底部,每个风口的通风面积均不应小于 0.60 m^2。

2 电梯井道内的温度宜保持在 5℃~40℃,当自然通风方式无法满足设备运行的温度要求时,应设置机械通风装置。

8 施工和验收

8.1 一般规定

8.1.1 既有多层住宅加装电梯施工前，应进行现场踏勘，并对设计文件进行复核。

8.1.2 加装电梯施工前，实施单位应组织设计、施工和监理等相关单位对设计文件进行设计交底和图纸会审。

8.1.3 加装电梯宜采用安全、高效、绿色的施工技术和低噪声的施工机械。

8.1.4 在加装电梯施工过程中，应采取有效措施减少各种粉尘、废弃物、噪声等对居住生活环境造成的污染和危害，并应依据现行国家环境保护法规和标准的相关规定执行；加装电梯施工应符合文明施工的相关要求。

8.1.5 加装电梯施工质量验收应符合现行国家标准《电梯工程施工质量验收规范》GB 50310、《电梯安装验收规范》GB/T 10060 和《建筑工程施工质量验收统一标准》GB 50300 等的相关规定。

8.2 施　工

8.2.1 加装电梯施工前，施工单位应根据工程特点和现场条件，编制施工组织设计方案和各类专项方案，并组织安全技术交底。

8.2.2 加装电梯施工前，应对施工范围内地下管线的情况进行排查。

8.2.3 基坑开挖施工应采取必要的护坡与排水措施；开挖后，应对原房屋的基础形式、埋深和截面尺寸等情况进行复核，同时实地复核地下管线的情况；开挖完成后，应进行地基验槽。

8.2.4 桩筏基础采用锚杆静压桩时，施工应符合下列要求：

1 压桩施工应考虑上部结构形式，根据设计要求合理确定压桩与封桩施工工序及时间节点。

2 压桩施工前应复核反力情况，必要时应采取增加配重等可靠措施。

3 压桩施工前应考虑挤土效应对原房屋的影响，合理确定压桩施工顺序。

4 设计有专门说明时，压桩、接桩及封桩施工应符合设计的相关要求。

5 施工宜采用预加反力封桩法等控制附加沉降的有效措施。

8.2.5 当加装电梯需对原有住宅结构进行局部改造时，应在拆除结构构件前采取必要的临时支撑措施，并应按设计要求严控拆除范围，做好留置构件节点处理。

8.2.6 电梯安装施工应符合现行国家标准《电梯制造与安装安全规范》GB 7588 的相关规定，相关的轨道导轨、顶部安装梁及连接节点应符合设计要求。

8.3 验　收

8.3.1 建筑主体材料和装饰装修材料应符合现行国家标准《民用建筑工程室内环境污染控制标准》GB 50325 的相关规定。加装电梯中，所有进场原材料、成品及半成品应按国家、行业以及本市现行有关标准的规定进行进场检验。

8.3.2 加装电梯的施工质量应按照地基与基础、主体结构、建筑装饰装修、屋面、建筑电气、电梯等分部分项工程检查验收；当涉及对原有结构加固时，加固部分应按照国家、行业以及本市现行有关标准的规定进行专项验收。

8.3.3 电梯安装调试完成后，应按现行国家标准《电梯安装验收规范》GB/T 10060 中的规定进行特种设备检验，合格后方可使用。

8.3.4 加装电梯工程质量验收的工程质量控制资料应齐全完整，应符合现行国家标准《建筑工程施工质量验收统一标准》GB 50300 中单位工程质量控制资料、安全和功能检验资料的相关规定，并应提供房屋专项检测报告、岩土工程勘察报告、压桩记录以及其他必要的影像、文字和图纸资料。

9 运行维护

9.0.1 加装电梯设备在交付使用时，应按相关要求明确相应的责任主体。

9.0.2 未经技术鉴定或设计许可，不得改变加装电梯的使用用途和使用环境。

9.0.3 电梯轿厢地面与连廊地面的颜色应有明显区别，各种标识应清晰可辨。

9.0.4 应定期对加装电梯进行检查、维护和保养，应包括下列主要内容：

1 检查、维护加装电梯井道周边设置的保护装置。

2 测试加装电梯的承运质量。

3 检查与维护加装电梯的基坑。

4 检查加装电梯的防水、防腐、沉降和变形等。

5 检查原有住宅在加装电梯相邻区域的沉降、变形以及连接节点等。

本标准用词说明

1 为了便于在执行本标准条文时区别对待，对要求严格程度不同的用词说明如下：

1）表示很严格，非这样做不可的用词：

正面用词采用“必须”；

反面用词采用“严禁”。

2）表示严格，正常情况下均应这样做的用词：

正面词采用“应”；

反面词采用“不应”或“不得”。

3）表示允许稍有选择，在条件许可时首先应这样做的用词：

正面用词采用“宜”或“可”；

反面用词采用“不宜”。

4）表示有选择，在一定条件下可以这样做的用词：

正面词采用“可”；

反面词采用“不可”。

2 条文中指明按其他有关标准、规范执行时，写法为“应按……执行”或“应符合……规定(或要求)”。

引用标准名录

1 《电梯主参数及轿厢、井道、机房的型式与尺寸 第1部分：Ⅰ、Ⅱ、Ⅲ、Ⅵ类电梯》GB/T 7025.1
2 《电梯制造与安装安全规范》GB 7588
3 《电梯技术条件》GB/T 10058
4 《电梯安装验收规范》GB/T 10060
5 《电梯层门耐火试验 完整性、隔热性和热通量测定法》GB/T 27903
6 《建筑设计防火规范》GB 50016
7 《工业建筑防腐蚀设计标准》GB/T 50046
8 《供配电系统设计规范》GB 50052
9 《建筑物防雷设计规范》GB 50057
10 《住宅设计规范》GB 50096
11 《城市居住区规划设计标准》GB 50180
12 《建筑内部装修设计防火规范》GB 50222
13 《民用建筑可靠性鉴定标准》GB 50292
14 《建筑工程施工质量验收统一标准》GB 50300
15 《电梯工程施工质量验收规范》GB 50310
16 《民用建筑工程室内环境污染控制标准》GB 50325
17 《屋面工程技术规范》GB 50345
18 《民用建筑设计统一标准》GB 50352
19 《混凝土结构加固设计规范》GB 50367
20 《建筑施工组织设计规范》GB/T 50502
21 《建筑结构加固工程施工质量验收规范》GB 50550
22 《砌体结构加固设计规范》GB 50702

23 《无障碍设计规范》GB 50763

24 《建筑地基基础工程施工规范》GB 51004

25 《建筑变形测量规范》JGJ 8

26 《建筑玻璃应用技术规程》JGJ 113

27 《既有建筑地基基础加固技术规范》JGJ 123

28 《建筑物倾斜纠偏技术规程》JGJ 270

29 《建筑地面工程防滑技术规程》JGJ/T 331

30 《锚杆静压桩技术规程》YBJ 277

31 《地基基础设计标准》DGJ 08—11

32 《住宅设计标准》DGJ 08—20

33 《地基处理技术规范》DG/TJ 08—40

34 《房屋质量检测规程》DG/TJ 08—79

35 《建筑防排烟系统设计标准》DG/TJ 08—88

上海市工程建设规范

既有多层住宅加装电梯技术标准

DG/TJ 08—2381—2021

J 15847—2021

条 文 说 明

2021　上海

目　次

Contents

1 总 则

1.0.1 本条规定了编制目的。由于受建造时技术水平和经济条件等限制,本市的既有多层住宅普遍没有安装电梯,随着老龄化社会的加速发展,楼内的垂直交通成为了影响居民生活质量的重要问题。其中,老年人上下楼不便、出行难的问题已越发凸显,市民要求对既有多层住宅加装电梯的呼声越来越高。

既有多层住宅加装电梯是改善市民生活、方便老年人出行的重要民生工作。本市自 2011 年开展试点以来,相关部门在指导服务、规范流程、简化审批、质量安全监管、扶持保障措施等方面逐步完善,陆续出台了一系列政策文件,使加装电梯数量逐年增加,推进了本市既有多层住宅加装电梯工作。但是,目前本市尚无专门针对既有多层住宅加装电梯全过程、各方面的适用标准。

为了解决目前加装电梯无技术标准可依的问题,加快推进本市既有多层住宅加装电梯工作,更好满足市民群众对美好生活的向往,规范本市既有多层住宅加装电梯工程建设,统一相关技术标准,确保工程质量,制定本标准。

1.0.3 本条强调了既有多层住宅加装电梯工程应遵循的原则和兼顾的要求,其中,把房屋安全和电梯使用安全放在了首位。

1.0.4 本标准是根据本市既有多层住宅加装电梯工程的实际情况,对相关标准的具体化和细化。因此,在执行时,本标准有明确规定的,应按本标准执行;本标准无明确规定或不具体时,应按国家、行业以及本市现行有关标准的规定执行。如遇特殊情况,应进行专门研究和论证。

3 基本规定

3.0.1 由于既有多层住宅所处小区环境不同，建筑条件、结构类型、使用状况多样化，加之居民对于加装电梯的需求不尽相同。因此，既有多层住宅加装电梯针对每个单元来说都是个性化需求，应根据不同的条件制定出适宜的加装电梯方案，切实完善既有多层住宅的垂直交通，提高居住品质。

3.0.3 既有多层住宅加装电梯已列入本市“民心工程”，制定了既有多层住宅加装电梯的建设程序，应严格执行。该建设程序虽简化了部分行政审批手续，但要求承接加装电梯工程的房屋专项检测、岩土工程勘察、设计、施工、电梯设备安装和运行维护等单位，应具备相应的资质，以加强质量安全监管。

3.0.4 既有多层住宅加装电梯工程相关建设资料可由工程建设主体存档或委托第三方存档，纳入正规的城市建设档案管理，以保证加装电梯工程建设质量控制具有可追溯性。

4 可行性评估

4.1 一般规定

4.1.1 既有多层住宅加装电梯可行性评估包括居民意愿评估、经济承受能力评估及技术可行性评估等，本标准主要对加装电梯的技术可行性进行评估。

4.1.2 既有多层住宅所处小区环境不同，其加装电梯的技术可行性有相当大的差别，而同一小区住宅的技术条件大致相同，为减轻可行性评估的经济负担，宜以一个小区为一个实施项目，对小区内的各住宅单元逐个进行评估。

4.1.3 既有多层住宅加装电梯可行性评估前对相关原始资料的收集十分重要，实施主体应组织、委托有能力的单位在收集既有多层住宅的基本技术资料基础上，结合现场实地查勘，对加装电梯的技术可行性进行评估。

4.2 现场调查

4.2.1 小区总体概况的调查包括调查小区方位、建筑组群关系、中心绿化、小区出入口、消防通道及重要设施等。对建筑物基本信息的调查包括调查建筑物本体与周边环境的关系（建筑与周边建构筑物、设施、围墙、绿化、道路等的关系），调查建筑物地址、层数、建造年代、平面形式、结构体系、有无地下室、地下室是否是人防工程以及人防功能是否丧失等。拟加梯单元的基本信息的调查包括拟加梯单元的入口平面位置、楼梯间平面位置、楼梯类型、梯段方向、梯户比、加梯一侧立面和场地情况、拟加梯位置和方式。

4.2.2 既有多层住宅加装电梯可行性调查应考虑以下主要内容：

1 加装电梯对周边环境的影响，需判断加装电梯是否超出规划红线，是否在地铁沿线、城市道路、铁路以及电力线路等保护区范围内，与周边其他建筑之间的防火间距是否满足相关要求，是否影响既有通道宽度，是否影响停车位且无改造空间，是否存在不可移动障碍物，对建筑间距、绿化等的影响。

2 既有多层住宅结构现状主要指拟加梯房屋是否存在严重变形和损伤；是否存在影响电梯加装的外立面挑出物、突出外墙的地下室、附属物和附加设施；加装电梯是否需截断房屋原有楼层圈梁、框架梁或破坏其他主要结构构件。

3 既有多层住宅室内外管线是居民生活的基本条件，加装电梯工程不应影响这些管线的正常使用。当受条件限制，室外管线改移无法完成时，加装电梯工程就可能无法实施。因此，在可行性调查中应充分考虑加装电梯对现状管线的影响。

4 电梯电源一般引自住宅电表总箱，应复核供电容量、电表箱总开关及进线电缆（线）的技术规格是否适应。供电问题有时是制约老旧小区中既有多层住宅加装电梯的重要问题，尤其是小区加装电梯数量大时，可能会存在小区现状供电能力不足的情况，这是加装电梯可行性调查阶段需重点关注的内容。

4.3 可行性评估

4.3.1 既有多层住宅加装电梯可行性调查应结合建筑及环境的实际情况，因地制宜地进行评估，避免进入建设程序后，受客观条件限制对加装电梯实施方案进行重大改变，甚至无法实现。既有多层住宅加装电梯存在多种干扰因素，但干扰程度不同，对于通过后期加梯工程中较易解决的干扰因素，可评为弱影响因素；对于需要另外付出较大代价方可解决的干扰因素，可评为强干扰因素；对不满足相关标准的强制性条文或不能通过技术手段有效解决的干扰因素，可评为重大干扰因素。

4.3.2 加装电梯可行性评级判定准则可参考表1。

表1 加装电梯可行性评级判定准则

级别	可行性评估	评级判定准则
A	适合加装	仅存在影响加装电梯的弱干扰因素，不存在强干扰因素和重大干扰因素，适合加装电梯
B	较难加装	存在1～2项影响加装电梯的强干扰因素，不存在重大干扰因素，满足一定条件下可以加装电梯
C	不适合加装	存在2项以上影响加装电梯的强干扰因素，或存在至少1项重大干扰因素，目前条件下不适合加装电梯

5　房屋专项检测

5.1　一般规定

5.1.1　加装电梯设计前，应对房屋进行专项检测，对房屋单元目前的建筑结构现状、完损现状、倾斜沉降、材料强度等内容进行专项检测，分析房屋单元主体结构加装电梯的可行性，为加装电梯设计提供可靠的技术依据。

5.2　专项检测内容

5.2.1　该条规定了建筑结构复核和测绘的具体内容，主要包括：

1　对房屋建筑的复核与测绘，宜包括建筑层数、层高、室内外高差、建筑功能、建造年代、有无平改坡、与加装电梯相关的墙体、门窗、楼梯位置和尺寸、有无地下室、地下室范围、是否属于人防、外围搭建范围、主要挑出物（门廊、雨篷、檐口等）尺寸和标高、楼梯梁的位置及标高等，并附相关的建筑平面、立面和剖面示意图。

2　对房屋结构的复核与测绘，宜包括结构类型、拟加装电梯区域原结构的构造柱及圈梁、过梁、框架梁柱、混凝土抗震墙、双跑楼梯间外墙处梁是否上翻、楼梯平台板及梯梁等的布置与尺寸、楼板形式等，并附相关区域的结构平面示意图。

5.2.2　原房屋的基础直接影响加装电梯设计，现场检测应重点对原房屋基础进行检测，包括基础形式、截面尺寸、埋深、是否有基础梁、基础梁的截面尺寸等内容，并应附相应照片。开挖部位原则上应与加装电梯处基础的主要参数一致，若确因现场条件限制，只能在相邻区域而不能在加装电梯区域开挖基础时，应说明原因，附照片等相关证明，并注明施工时应进行复核。

5.2.3 材料强度的检测结果应能提供原房屋拟加装电梯相关区域主体结构主要承重构件，砌筑块材、砂浆、混凝土等材料的强度推定值。检测方法和数量应符合相关检测标准的要求。

5.2.4 对房屋单元完损状况的调查应包括墙体开裂、风化、混凝土构件钢筋锈蚀、保护层剥落、承重构件变形、外墙饰面层空鼓开裂等，并提供典型损伤位置的相关照片；对房屋其他部位外立面的完损状况也应进行调查，当存在较明显的结构性裂缝时，应在报告中描述裂缝状况，绘制房屋立面裂缝示意图和相关照片，并分析裂缝产生的原因。

5.2.5 倾斜测量主要为房屋外墙棱线相对倾斜测量，外墙棱线测量主要选取外墙四角棱线或外墙阳角棱线以及拟加梯部位处外墙墙面，测量成果包括倾斜观测点位布置图、倾斜方向、偏移量、测高和倾斜率等；相对高差测量可选取原始勒脚线、窗台线、原始装饰线及屋面檐口等参照部位进行测量，测量成果主要包括测点编号、相对高差和距离等。

5.2.6 房屋专项检测应对单元主体结构加装电梯的可行性做出评价。对存在严重倾斜和严重的结构性损伤问题的房屋，应进行相应处理后，方可加装电梯。

当原房屋的整体倾斜超过 10‰时，应进行沉降监测，沉降监测的方法应符合现行行业标准《建筑变形测量规范》JGJ 8 的规定，沉降稳定的标准应符合现行上海市工程建设规范《地基基础设计标准》DGJ 08—11 的规定。只有当沉降稳定时，方可实施加装电梯。考虑到原房屋的安全和加装电梯的可实施性，当原房屋整体倾斜超过 10‰且沉降不稳定或原房屋整体倾斜超过 15‰时，在加装电梯前，应首先进行纠偏处理，纠偏处理应符合现行行业标准《既有建筑地基基础加固技术规范》JGJ 123 和《建筑物倾斜纠偏技术规程》JGJ 270 的要求。

对存在严重的结构性损伤的房屋，应首先进行安全性鉴定，鉴定可根据现行国家标准《民用建筑可靠性鉴定标准》GB 50292 和现行上海市工程建设规范《房屋质量检测规程》DG/TJ 08—79 的要求进行，并根据鉴定结果，采取相应的加固措施后方可加装电梯。

6 岩土工程勘察

6.1 一般规定

6.1.1 先勘察，后设计，再施工，是国务院《建设工程勘察设计管理条例》(国务院令第293号)规定的工程建设必须遵循的程序。施工勘察针对的是施工阶段需要解决的具体问题，由建设单位委托进行。

6.1.2 编制勘察报告时，应根据本条的基本技术要求，并针对具体的工程特点、场地工程地质条件，突出重点，因地制宜。

6.2 现场勘察

6.2.1 根据上海软土地基的特点和勘察经验，不宜采用鉴别孔。静力触探和标准贯入等原位测试不但能有效鉴别土性、划分土层，而且能获得土层力学性质参数。当场地内存在粉性土或砂土时，宜选择部分钻孔进行标准贯入试验。

现场勘察时，应采取有针对性的保护措施，避免对原有住宅结构造成影响。

6.2.4 控制性勘探孔深度应按变形计算深度控制，压缩层厚度自桩端算起，算至附加应力等于土自重应力的20%处。由于勘察时桩基方案未最终确定，故确定孔深时应留有余地。

7 设 计

7.2 总平面

7.2.1 对于沿建筑用地边界和沿城市道路、公路、河道、铁路、隧道、轨道交通两侧以及电力线路保护区范围内的加装电梯退让距离控制是考虑对相邻地块的权益影响，也是对城市公共设施正常使用的有效保证。此类退让距离控制应取得相关管理部门认可。除另行规定外，本市《关于进一步做好本市既有多层住宅加装电梯工作的若干意见》（沪建房管联〔2019〕749 号）规定：在满足消防安全、不影响通行前提下，建筑退让道路红线、用地边界距离均照原建筑外墙计算。当用地条件允许时，也可按《上海市城市规划管理技术规定》（沪府令 52 号）的相关规定执行。

7.2.2 公共设施主要包括公共人行或车行通道、出入口、停车位或车库及其出入口、景观、绿化、围墙、地下工程等。当加装电梯对此类设施有影响时，应取得相关权益方的同意后，方可实施。

7.2.3 根据《关于本市既有多层住宅增设电梯建设管理相关建设审批的通知》（沪建房修联〔2016〕833 号）的规定：本市既有多层住宅加装电梯后最小建筑间距，仍按照原建筑外墙计算。因加装电梯是人员日常活动场所，底层连廊通常是住宅单元安全疏散通道或出口，故其与周边建筑防火间距仍应符合现行国家标准《建筑设计防火规范》GB 50016 中防火间距的相关规定。

7.2.4 加装电梯应在总平面布局前对所涉及道路的性质（主要附属道路、其他附属道路、消防车道）进行判断并加以说明。加装电梯后，小区道路应符合下列要求：主要附属道路应至少有 2 个车行出入口连接城市道路，其路面宽度不应小于 4.0 m；其他附属道路的路面宽度不宜小于 2.5 m；消防车道的道路净宽、净高、转弯半径、坡度等均应符合现行国家标准《建筑设计防火规范》GB 50016 中消防车道的相关规定。

当既有道路现状不符合上述要求时，加装电梯后不应低于建成时的要求。加装电梯的位置应避免占用主要附属道路或消防车道；当确有困难需占用时，可采取主要附属道路或消防车道改道等措施，以满足行人和相关车辆的既有通行条件。

7.3 建 筑

7.3.1 加装电梯应充分体现“适老化”原则，应尽可能满足无障碍通行的需求。对于类似设有双跑楼梯的原有住宅，当其同时具备平层入户和半层入户的加装电梯方式时，应优先选择平层入户方式。

7.3.2 加装电梯应满足无障碍通行的要求，本条中对底层无障碍出入口、公共部位通道、门等部位的无障碍设置提出了明确要求，如受场地等因素限制无法设置时，须经过相关论证以及电梯出资人的同意后，可不设置。上述部位的地面防滑设计应符合现行行业标准《建筑地面工程防滑技术规程》JGJ/T 331 中地面防滑技术要求的相关规定。单元信报箱、入口门禁系统设置应符合现行国家标准《住宅设计规范》GB 50096 和现行上海市工程建设规范《住宅设计标准》DGJ 08—20 的相关规定。对于原有住宅受影响的住户通风口、排气口、排油烟口也须同步实施改造，确保日常运行。

7.3.3

1 电梯井道和电梯控制柜不应紧邻卧室，当受条件限制紧邻起居、餐厅等其他居住空间时，应采取隔声、减振的构造措施。

2 通常情况下，当电梯井道内温度在 5℃～40℃之间时，可保证电梯正常运行。其他安全保障措施包括在电梯机房内设置通风装置或空调设备等。当采用设置通风装置时，可在井道顶部安装无动力风帽等；当采用自然通风时，应在井道顶部及底部分别设置通风口，通风口面积均不应小于 0.6 m^2，且在该处分别设置配有金属防虫网、具有关闭功能的防雨百叶窗，从而形成空气上下对流，达到降温的效果。

3 加装电梯基坑内设有电梯的零部件及电线，应保证坑内环境相对干燥，具备较好的防水性能，因此基坑的防水等级定为一级。当确有困难小于 0.15 m 时，为避免雨水从建筑周边墙体或室外地面流入基坑，需要设置阻水和排水设施，通常可采用设置室外排水沟等措施，必要时可在基坑内设置集水坑、排水泵等。

4 加装电梯应符合现行国家标准《无障碍设计规范》GB 50763中无障碍电梯的相关规定，轿厢尺寸不应小于 1.10 m（宽）×1.40 m（深），如受场地等因素限制无法设置时，须经过相关论证以及电梯出资人的同意后，方可不设置。电梯井设置应符合下列要求：电梯井应独立设置，井内严禁敷设可燃气体和甲、乙、丙类液体管道，不应敷设与电梯无关的电缆或电线；电梯井壁上除设置电梯门、安全逃生门和通气孔洞外，不应设置其他开口；电梯层门的耐火极限不应低于 1.00 h，并应符合现行国家标准《电梯层门耐火试验 完整性、隔热性和热通量测定法》GB/T 27903 中完整性和隔热性的相关规定。

5 结合电梯选用的实用性及现状条件，对电梯载重量提出了最低要求，当条件许可时，宜选用 630 kg 及以上。为保证紧急时乘梯人员能够到达底层并疏散至室外，所加装电梯设备应具有紧急时电梯能够迫降至底层的功能。电梯自动救援装置是指电梯供电电源发生故障或中断时，自动利用自动救援电源，将轿厢移动至层站并打开电梯轿门和层门的装置。电动自行车具有一定火灾危险性，根据本市相关管理规定，禁止电动自行车在建筑物内走道、楼梯间、楼道等共用部位停放、充电；为避免住户通过电梯将其搬运至楼梯间、楼道等共用部位，本条提出了电梯宜采取防止电动自行车进入电梯的技术措施，如物业管理报警监察或自动识别功能等。

7.3.4

1 底层连廊地面与室外地面之间的高差不应小于 0.15 m，当确有困难时，应在室外设置可靠的阻水或排水设施。电梯层门处挡水设施通常可采用高 15 mm～20 mm 的地坎，地坎与连廊地面之间应设不小于 1∶15 的斜面过渡。

3 计算连廊外窗与住户的阳台最近边缘水平距离时，阳台(含封闭和非封闭阳台)边缘应按其投影范围线边缘计算。当采取不可开启的乙级防火窗等防止火灾蔓延的措施时，该距离不限。

4 加装电梯过程中容易对住户的私密性产生干扰，此时可对新增外窗的开窗形式和玻璃类型有针对性地选择，如选用上悬磨砂玻璃窗，在满足采光面积的前提下，设置为高窗或可阻挡视线的窗套等。

7.3.5 新增屋面通常由于面积较小，工程造价占总造价比例相对较小，结合后续维修相对不便等因素，屋面的防水等级宜设为Ⅰ级。新增屋面应采取有组织排水，每个屋面汇水面积内应设置 2 根雨水管或 1 根雨水管另加 1 个溢流排水口，溢流排水口不得设置在建筑出入口的上方。

新增屋面排水组织不宜影响原有住宅的屋面结构及排水组织，当受条件限制确有影响时，应采取局部屋面拆除、修补及排水改造等措施。

7.3.6 鉴于加装电梯所用的材料均为不燃性材料，发生火灾概率小，且通常设置于原有住宅外部，电梯传导火灾能力较弱，其烟囱效应造成的损害较小。结合实际情况，对加装电梯墙体的耐火极限应根据电梯井道与原有住宅位置关系、墙体所在位置(图 1)分别提出本条中所述的消防技术要求。

与围护墙体相连的各类结构构件的耐火极限要求参见本标准结构章节的相关要求。当条件允许的情况下，宜在拟加装电梯的原有住宅公共部位增设火灾自动报警装置和自动喷水灭火系统。

防火墙可采用砌块类防火墙，其构造应符合当任意一侧的屋架、梁、楼板等受到火灾影响、破坏时，不会导致防火墙倒塌的要求；防火墙墙体中钢梁、钢柱等结构构件应采取防火措施，且应满足现行国家标准《建筑设计防火规范》GB 50016 的相关规定，不可采用轻质材料类防火墙。

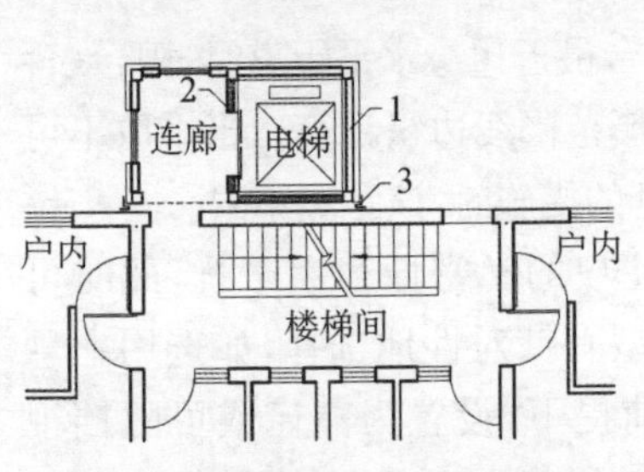

(a) 电梯井道贴邻原有住宅布置

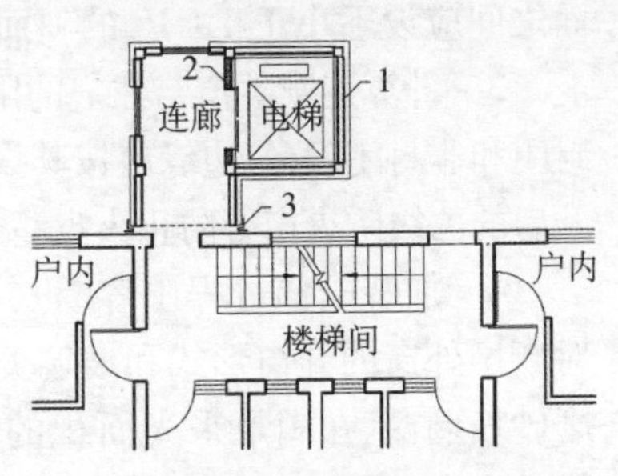

(b) 电梯井道未贴邻原有住宅布置1

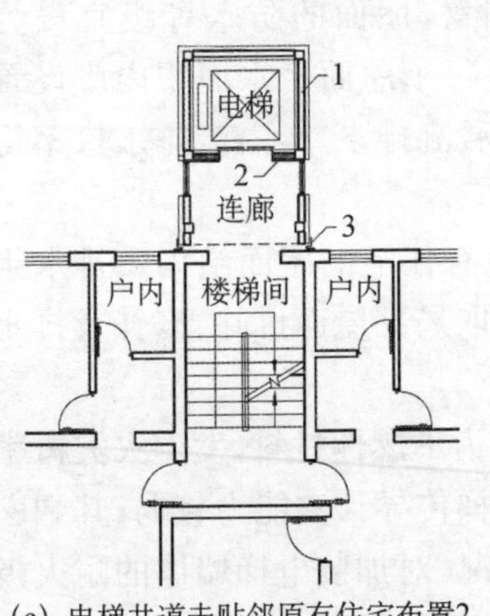

(c) 电梯井道未贴邻原有住宅布置2

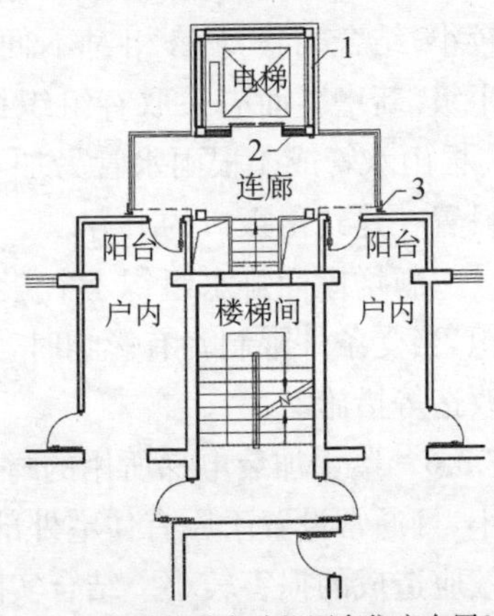

(d) 电梯井道未贴邻原有住宅布置3

图 1　电梯井道与原有住宅位置关系

1—电梯井道外墙部位墙体；2—电梯井道非外墙部位墙体；3—变形缝

7.3.7

1 加装电梯外围护墙体(除防火墙外)材料应选用满足相应耐火极限要求、隔热、安全、环保、耐久、耐水性能好的轻质非承重墙体材料。玻璃外门、外窗均应采用中空玻璃节能门窗。

2 根据《上海市建筑玻璃幕墙管理规定》(沪府令 77 号)相关规定,新增电梯不得在二层及以上采用玻璃幕墙。

3 电梯井道不宜采用固定玻璃窗,当确需采用时,应符合下列要求:

1) 玻璃窗应采用安全夹胶玻璃或者其他具有防坠落性能的玻璃,安全玻璃最大许用面积应符合现行行业标准《建筑玻璃应用技术规程》JGJ 113 的相关规定。

2) 玻璃窗应采用中空玻璃节能外窗,提高电梯井道外围护结构的隔热性能;同时,应由电梯供应商配置有效的安全运行保障措施(如在井道顶部设置机械通风装置或设置空调等),避免出现因井道内温度过高而导致电梯运行故障等风险。

3) 玻璃窗耐火完整性不应低于相对应的电梯井道围护墙体耐火极限的要求。

4) 玻璃窗不宜采用光反射率大于 15%的玻璃,不宜采用有色玻璃,以减少光污染。

5) 玻璃窗的选用应考虑经济、美观、清洁以及后续维护等要求。

7.3.8

1 通常半层入户形式的加装电梯连廊并不在原有楼梯间的最高层处,为了加强最高层处自然通风条件,可采取以下两种措施:

1) 增加连廊两侧外窗高度。

2) 连廊最高层处外窗上部加装防雨通风百叶窗,百叶窗有效通风面积不小于 1.2 m^2,其有效通风面积应按百叶窗的净面积乘以遮挡系数 0.6 计算。

2 本款参照现行上海市工程建设规范《建筑防排烟系统设计标准》DG/TJ 08—88 中自然通风条件下前室通风面积的设置标准提出的要求。

3 "一梯三户""一梯四户"等户型内部分住户厨房油烟气、卫生间排气、自然通风等设施都是通过楼梯间排至室外，存在一定的火灾危险性，因此，走廊须有较好的自然通风。当加装电梯对此部分设施确有影响时，应事先落实上述受影响的设施改道可行性及改造措施，以满足住户日常运行。

4 原有楼梯间或楼梯间与连廊组合空间采光效果在加装电梯后通常会受到不同程度的影响，为了保证上述采光效果及安全疏散，参照现行国家标准《住宅设计规范》GB 50096 中天然采光的相关规定，对上述部位提出了条文中所述的要求。

5 根据实际情况，原有通向楼梯间的住宅门、住宅窗的防火性能及楼梯间设置形式在加装电梯过程中改造的难度较大，参照《住房和城乡建设部办公厅关于开展既有建筑改造利用消防设计审查验收试点的通知》(建办科函〔2021〕164 号)中的规定：既有建筑改造不改变使用功能的，应执行现行国家工程建设消防技术标准；受条件限制确有困难的，应不低于建成时的消防技术标准。因此，提出了条文中所述的消防技术要求。

当原有住宅楼梯间外墙现状通风面积及采光窗洞口的窗地面积比不符合条文中所述的要求时，加装电梯后不应低于建成时的要求。

7.3.9 乘梯人员的安全疏散路线可按如下设计：

当采用半层入户时，连廊与原有住宅楼梯间之间可开设不小于 0.90 m(净宽)×2.10 m(净高)的洞口，洞口底标高同相连通的原楼梯半平台标高。

当采用平层入户，且连廊与原有住宅楼梯间楼层平台相连通时，可在楼梯间外墙原有外窗或洞口开设不小于 0.90 m(净宽)×

2.10 m(净高)的洞口,洞口底标高同相连通的原楼梯楼层平台标高。

当采用从住户厨房、卫生间、北阳台等处入户的平层入户时,可设置连接原楼梯间的通道或其他通道,也可采取其他有效的消防技术措施。

7.3.10 加装电梯与原有建筑非居住部分组合在同一座建筑物内时,需在水平与竖直方向采取防火分隔措施,与非居住部分分隔,并使各自的疏散设施相互独立,互不连通。在水平方向,一般应采用无门窗洞口的防火墙分隔;在竖直方向,一般采用楼板分隔,并在建筑立面开口位置的上、下楼层分隔处采用防火挑檐、窗间墙等防止火灾蔓延。防火挑檐、窗间墙设置和加装电梯底层电梯出口至室外出口的疏散距离均应符合现行国家标准《建筑设计防火规范》GB 50016 的相关规定。

7.3.11 加装电梯墙体通常为轻质类非承重墙体,其耐撞击和抗侧向水平力的性能较差,室内非承重墙体及临空外窗内侧设置的防护栏杆高度应不低于 0.90 m,栏杆设置不可采用在墙体内预埋防护构件与两侧主体结构连接等构造措施。参照现行国家标准《住宅设计规范》GB 50096 中栏杆的相关规定,结合老年人的心理特点,七层及七层以下设置的室外防护栏杆高度应不低于 1. 10 m。防护栏杆必须采用防止儿童攀爬的构造,栏杆的垂直杆件间净距不应大于 0.11 m,放置花盆处必须采取防坠落措施。同时,栏杆尚须符合现行国家标准《民用建筑设计统一标准》GB 50352 中栏杆的相关规定。因加装栏杆的位置各异,栏杆加装后连廊的净宽、净深尚应符合本标准第 7.3.4 条的相关要求。

7.3.12 因建筑物墙体通常为轻质板材类非承重墙体,自身防水性能相对较差,拼装过程中施工质量不易保证,而电梯井道防水要求高,故外饰面材料要求选用防水性能较好的建筑材料。位于历史文化风貌区内的加装电梯,其外饰面设计宜与历史文化风貌区的总体控制要求相一致。

7.4 结　构

7.4.1 本市既有多层住宅现状的多样性、复杂性造成了加装电梯项目的独特性。例如，既有多层住宅建造年代跨度大，周围环境各异，结构形式不一、体系复杂，构造做法差异大，构件损伤情况各不相同等。在加装电梯项目实施前，应由相应资质的机构对其进行房屋质量专项检测，了解既有多层住宅现状，并综合评估项目实施可行性。对评估结论为不满足安全性要求的既有住宅，应采取必要加固措施消除安全隐患后，方可实施加装电梯工程。

7.4.2 加装电梯常需对既有住宅结构局部进行拆除、改造或加固。例如，既有多层住宅结构的雨篷、屋顶挑檐的局部拆除、楼梯间挑出的休息平台拆除、楼梯间上翻平台梁的改造与加固等。结构局部改造、加固应符合现行国家标准《混凝土结构加固设计规范》GB 50367 和《砌体结构加固设计规范》GB 50702 的有关规定。施工过程中，应制定详细的施工方案，对结构的拆除、改造及加固进行安全性分析，确保居民在施工期间及使用过程中的安全。

7.4.3 对既有多层住宅外墙的局部改造，应以不降低结构的安全性为原则。既有多层住宅原有窗洞改为门洞时，不宜扩大原有窗洞宽度，仅将窗下墙体采用静力切割方式拆除。该方式对原结构的竖向承载力及侧向刚度影响较小，可不对门洞两侧墙体进行承载力验算。门洞改造切断既有多层住宅结构外墙圈梁时，应采取可靠措施加固墙体，恢复外墙圈梁连续性。

7.4.4 因具有自重轻、强度高、抗震性能好、建造速度快、周期短、对居民影响小以及符合建筑工业化、绿色化的要求等诸多优势，在本市已完成的既有多层住宅加装电梯项目中，绝大多数均采用钢结构形式。同时，考虑钢筋混凝土结构具有造价低、耐久性及耐火性能良好等优势，加装电梯项目也可采用。

7.4.5 考虑既有多层住宅结构现状的复杂性，为避免加装电梯结构与既有多层住宅结构相互影响，减少因二者连接可能带来的安全隐患及加固工程量，明确各自设计思路，加装电梯结构宜通过设置变形缝与既有多层住宅分开，形成独立结构单元。变形缝的宽度应考虑既有多层住宅倾斜的影响，不宜小于150 mm。当采用钢框架结构时，加装电梯结构与既有多层住宅结构之间设置不限制沉降变形的构造性拉结，增加其稳定性，拉结节点应设置在楼层构造柱、圈梁、框架柱、框架梁等可靠连接处，每层不宜少于2个。

7.4.6 加装电梯结构应能独立承担水平荷载和竖向荷载。水平荷载包括风荷载和地震作用，竖向荷载包括恒荷载和活荷载，同时基础验算时应考虑水浮力的影响。电梯结构高宽比较大，应具有足够的抗侧刚度，确保电梯的正常运行。

7.4.7 当加装电梯结构自身稳定性无法保证，且既有多层住宅结构现状良好时，可采用二者连为整体的形式。应对连接构造进行专门设计。

7.4.8 两个方向均为单跨的框架结构，冗余度低，抗震性能差，且抗扭刚度弱。一般情况下，结构均带有一定长度的悬挑板，质量中心相对于刚度中心偏移较大。在竖向荷载及水平作用下，结构受力极不均匀，抗风及抗震性能差。

7.4.9 考虑本市软土地基的特性，以及既有多层住宅沉降已基本稳定的实际情况，受既有多层住宅基础的影响，电梯基础往往会产生不均匀沉降，导致电梯的整体倾斜。采用桩筏基础可降低基础的沉降，减小结构的整体倾斜。

桩基整体抗倾覆计算要求：当风荷载起控制作用时，要求在0.9(恒)±1.5(风)－1.3(水浮力)工况下桩不应出现拔力；当地震作用起控制作用时，要求0.9(恒)±1.3(水平地震力)－1.3(水浮力)工况下桩不应出现拔力。

7.4.10 电梯基础与原基础连接方式包括牢固连接或彻底分开两种方式。当加装电梯基础与既有多层住宅结构基础连接时，应复核上部荷载重心与基础重心偏心率。加装电梯导致既有多层住宅基础需要拆除时,应对原基础采取必要的加固措施,如在基础拆除前设置锚杆静压桩、补偿基础承载力的损失等。

7.4.12 电梯井道与既有多层住宅的位置关系参见本标准第7.3.6条的条文说明。既有多层住宅加装电梯属于既有建筑的附属工程,该电梯不作为消防逃生电梯,同时,电梯结构本身不存在火源,不会发生火灾。当电梯井道与既有多层住宅结构未贴邻,既有多层住宅结构发生火灾时,火灾危险性较小,构件耐火极限适当放宽。但为了防止底层电梯结构在火灾中坍塌而影响消防疏散,对底层连廊贴邻侧钢柱的耐火极限不放宽。采用厚型防火涂层时,施工质量要求较高。当施工质量无法保证时,在电梯振动荷载下防火涂层极易发生脱落,影响电梯后期运行维护。

7.4.13 根据本市既有多层住宅小区的环境特点,对加装电梯钢结构使用及维护的实际情况,钢构件防腐层设计宜满足现行国家标准《工业建筑防腐蚀设计标准》GB/T 50046 中防护层的相关规定。钢构件在防腐涂装前应进行除锈,除锈方法应采用抛丸(喷砂)工艺,除锈等级为 $S_a 2\frac{1}{2}$,漆膜总厚度不小于 200 μm。

7.4.14 在加装电梯工程中推行建筑工业化,有利于提高建设速度,确保工程质量,降低对居民生活的影响,符合节材、节能、绿色建筑的建设要求。

7.5 机 电

7.5.1 对于加装电梯能耗、噪声等与人们生活紧密相关的参数,需要在符合相关要求的前提下,根据现场情况进行控制,减少加装电梯设备对人们日常生活的影响。

7.5.2 住宅加装电梯必然对住宅的机电设施、设备造成影响,其影响的程度需要在方案设计阶段进行评估,并在电梯加装方案设计同时提供设备、设施及各类管线的综合改造方案。

7.5.3 配电事关电梯使用安全，除应满足标准要求外，尚应满足本地供电部门的技术规程要求。

1 电梯电源一般引自小区配电总箱(柜)，除满足当地供电技术规程要求外，应复核供电容量、电表箱总开关及进线电缆(线)的技术规格。若供电容量不满足要求，应考虑扩容，提前落实好小区扩容可行性，尤其是面积较大的小区，扩容需要的费用较高，应避免电梯安装后因为电容量问题无法使用。

2 配电箱应设置在人员可以直接触摸到的地方以便于操作，为保证电梯使用安全，避免无关人员误操作，配电箱门应装锁。同时，应采取用电安全保护措施。

3 电轿厢照明和通风等应由单独的开关控制，并设置在主开关旁。切断电梯动力电源时，不得同时切断轿厢照明和通风、轿顶与底坑的电源插座、电梯机房、井道照明、报警及救援装置的供电。

4 电梯的供电线路敷设在井道中是不安全的，敷设在井道外，既可防止井道火灾危及电源线路，又可防止电源线路产生火灾。

7 电梯井道照明是为了满足维护及检修的需要，应装设漏电保护装置，光源应加防护罩；井道照明在井道顶端和底坑均设置控制开关，是为了方便维护人员，保证安全。电梯底坑应设置一个电气防护等级不低于 IP54 的单相三孔检修插座。

8 加装电梯应考虑防雷击措施和防雷击电磁脉冲措施，应避免加装电梯降低现有住宅的防雷安全性能。老旧小区一般未做等电位联接，加装电梯施工过程中需开挖暴露进户管线等，故在此规定增设总等电位联接。

9 电梯紧急迫降按钮相当于消防紧急按钮，在火灾等紧急状况下，可击碎玻璃启动此按钮迫降电梯，电梯收到迫降信号后，直接降至首层，打开电梯门，电梯不能继续使用。

10 在单元首层入口附近设置声光报警器，或在轿厢内设置紧急报警、应急呼叫、视频监控等装置并连接到小区安防中控值班场所，是为了满足电梯运行安全和救援的要求，并及时通知到维保人员。

11 电梯光幕是一种利用光电感应原理而制成的电梯门安全保护装置。其反应迅速、成本低，已在电梯上普遍安装。但光幕存在分辨率问题，遇到细小物体，分辨准确性下降，对于老年人的拐杖等辅助行走器械会产生误判可能，有障碍物的情况下会继续关门，老年人神经反应和生理反应相对缓慢，由此可能造成恐慌或人身伤害。因此，在既有住宅加装电梯中，宜同时安装接触式和非接触式的电梯门安全保护装置。

7.5.4 加装电梯井道优先考虑自然通风，当井道的自然通风条件无法满足设备运行的温度要求时，应设置机械通风装置。

8 施工和验收

8.1 一般规定

8.1.1 考虑到既有多层住宅建设时的技术水平、经济条件等原因，既有多层住宅可能会存在设计标准不高、材料强度偏低、建筑结构老化损伤等问题，在施工阶段，某些隐蔽部位打开后可能会发现建筑结构质量、构造节点等与设计图纸、标准要求差距较大的情况，因此，在施工前需要对原房屋建筑结构、周边环境情况进行踏勘复核。若实际情况与设计文件有偏差，应及时提请实施单位、设计单位修改相关内容。重点复核的内容包括既有多层住宅与新建结构连接部位的情况，以确保施工可行性与施工质量。

8.1.2 设计交底的目的是设计单位对施工单位、监理单位正确贯彻设计意图，加深设计文件特点、难点的理解，掌握关键工程部位的质量要求等，并通过设计、监理、施工三方或者参建多方研究、协商，确定和解决图纸中存在的各项技术问题。

8.1.3 既有住宅加装电梯工程施工通常是在住宅使用状态下进行的，为尽量降低对住户正常生活的影响，鼓励采用缩短工期的施工技术、低噪声施工机械和施工工艺方法等，如采用装配式的电梯井道等。

8.2 施 工

8.2.1 既有多层住宅加装电梯工程施工多在相邻住宅不间断使用状态下进行，环境条件复杂，而且会涉及建筑、结构、机电等多个专业。因此，需要合理组织施工，做好总体部署，确保施工质量安全。本条按有关要求规定了编制施工组织设计方案和各类专项方案，明确各项工程的施工方法、质量控制标准等，并组织安全技术交底。

按现行国家标准《建筑施工组织设计规范》GB/T 50502 相关要求，施工组织设计的主要内容应包括工程概况、总体施工部署、施工总进度计划、总体施工准备与主要资源配置计划、分部分项工程主要施工方法及施工总平面布置等内容。专项方案可根据工程具体情况对以下内容编制专项方案：管线临时迁移保护、房屋结构局部拆除与加固、锚杆静压桩、上部钢结构安装、脚手架及监测等。

8.2.2 对既有住宅地下管线进行排查是确保加装电梯顺利实施的前提。当地下管线与加装电梯的基础位置冲突需要移位时，应先编制施工专项方案，以确保居民正常生活使用。

8.2.3 考虑到上海为软土地基、地下水位较浅，基坑开挖施工需要采取必要的护坡与排水措施，以确保既有多层住宅和周边环境的安全。开挖后，既有多层住宅的基础和管线情况可以完整“暴露”出来，可以实际复核基础情况，以确保符合专项检测报告和设计文件的内容。关于基坑验槽，当设计文件对基坑坑底检验有专门要求时，应按设计文件要求进行；根据相关标准规定，验槽应在基坑或基槽开挖至设计标高后进行，留置保护土层厚度不应超过 100 mm，槽底应为无扰动的原状土。

8.2.4 桩筏基础采用锚杆静压桩时，压桩需要足够的配重反力。加装电梯上部结构形式采用混凝土结构时，一般先进行筏板、部分或全部上部结构施工，待上部结构自重可符合压桩反力配重要求时再进行压桩、封桩；上部结构形式采用钢结构时，可在施工筏板后压桩、封桩，再进行上部钢结构施工，考虑压桩反力要求，需要增加压重措施。

为了确保成桩效果和施工安全，结构设计图纸中一般已经对筏板基础、压桩和上部结构施工有相关的工序规定，故施工应按设计要求进行。另外，考虑压桩施工过程压桩挤土效应对原房屋的影响，需要设置合理的压桩顺序。

锚杆静压桩相关的现行标准包括国家标准《建筑地基基础工程施工规范》GB 51004，行业标准《既有建筑地基基础加固技术规范》JGJ 12、《锚杆静压桩技术规程》YBJ 277，上海市工程建设规范《地基处理技术规范》DG/TJ 08—40，建筑标准设计《钢筋混凝土锚杆静压桩和钢管锚杆静压桩》2018 G504 等。预加应力封桩法可参照现行上海市工程建设规范《地基处理技术规范》DG/TJ 08—40 第 12.2.10 条及其条文说明控制压桩附加沉降。

8.2.5 既有多层住宅加装电梯可能会涉及对既有结构的外墙窗洞口、圈梁等的局部改造，为确保既有多层住宅施工过程的安全稳定性，需要采取必要的临时支撑措施，并严控拆除范围、防止局部拆除过大，影响既有多层住宅结构安全。同时，为了确保后续连接构造施工，保证留置的相邻或残余构件可靠有效，本条规定了做好留置构件节点的处理。

8.2.6 电梯轨道导轨、顶部安装梁等施工应按设计要求考虑混凝土养护时间和混凝土强度等相关因素。

8.3 验 收

8.3.1 作为民用建筑工程，既有多层住宅加装电梯应符合现行国家标准《民用建筑工程室内环境污染控制标准》GB 50325 的相关要求。根据工程质量管理条例和国家现行相关标准的规定，所有进场材料、成品和半成品必须进行进场检验，且检验结果必须符合国家、行业以及本市现行有关标准的规定。

8.3.2 按照现行国家标准《建筑工程施工质量验收统一标准》GB 50300 的规定，将改造工程划分成单位工程及其分部工程、分项工程，既有住宅增设电梯工程应划分为分部工程。加装电梯过程中涉及既有结构加固时还应遵照现行国家标准《建筑结构加固工程施工质量验收规范》GB 50550 的相关要求进行专项验收。

8.3.3 电梯属于特种设备，安装调试完成后须按现行国家标准《电梯安装验收规范》GB/T 10060 的相关规定进行特种设备检验。

8.3.4 既有多层住宅加装电梯的工程质量验收应按现行国家标准《建筑工程施工质量验收统一标准》GB 50300 的规定提供完整的工程质量控制资料、安全和功能检验资料。同时，考虑既有多层住宅加装电梯的工程的特殊性、专业性，还应提供本规范相关章节规定的房屋专项检测报告、岩土工程勘察报告等资料；为了确保桩基成桩施工质量，压桩记录除“锚杆静压桩施工记录表”等书面记录外宜有完整的施工过程影像资料。

9 运行维护

9.0.1 电梯作为特种设备，其生产（设计、制造、安装）、使用、维保、检验等都需符合《中华人民共和国特种设备安全法》《特种设备安全监察条例》《特种设备使用管理规则》等法律、法规的要求，以上法律、法规均要求明确电梯的相关责任主体。

9.0.2 加装电梯在使用过程中，不得改变使用用途和使用环境，如连廊不得随意堆放杂物、重物，不得占用消防疏散及救援通道等。

9.0.3 轿厢地面和连廊地面的颜色保持明显差异，可以防止当两个平面有高差时，出现踏空或摔倒等事故。老年人一般视力较弱，并且反应慢，各种标识应清晰醒目，且易于识别，以便减少误操作。

9.0.4

1 对加装电梯周围的保护装置进行检查时，如发现防护装置变形，对井道空间产生影响，应停梯检查，排除安全隐患。

2 加装电梯安装在室外，其工作环境和建筑物内电梯不同。温度变化、日照、风力等诸多因素都会导致井道、电梯导轨、电梯曳引系统及电梯门系统产生变形。因此，应定期对加装电梯进行加速度等运行质量综合测试，分析各系统、结构变形情况，并进行调整维护，确保电梯安全舒适运行。

3 检查基坑内废物及水迹，如有废物和水迹，应查明泄漏地点，并进行修补、进行各电子器件端口及机械部件检查和运行测试。

5 加装电梯结构与主体结构一般采用结构胶植筋或锚栓连接，随着使用年限的增长，结构胶存在着老化的问题，故应定期检查，保证结构连接的可靠性。一般规定初次检查的时间不超过建成后 10 年，之后逐步缩短检查的时间间隔。